高等学校土木工程专业系列教材

建筑材料虚拟仿真实验教程

主编 江 宏 张冬梅 李 平

人民交通出版社

北 京

内 容 提 要

本书依据新规范、新技术,结合长沙理工大学虚拟仿真实验平台,介绍了建筑材料基本性能相关实验的操作流程、操作重点难点、实验结果计算和分析方法。全书共分为9章,主要内容包括建筑材料虚拟仿真实验系统简介、沥青混合料马歇尔稳定度实验、沥青混合料高温车辙实验、水泥标准稠度用水量实验、水泥体积安定性实验、水泥凝结时间实验、水泥胶砂强度实验、水泥细度实验和水泥混凝土抗压强度实验。

本教材既可作为土木工程及相关专业高等教育建筑材料实验课程的教学用书,也可作为高职高专院校实践选修课程教材,同时可供从事土木工程行业的相关技术人员学习参考。

图书在版编目(CIP)数据

建筑材料虚拟仿真实验教程 / 江宏,张冬梅,李平主编. — 北京:人民交通出版社股份有限公司,2024.1
ISBN 978-7-114-19334-7

Ⅰ.①建… Ⅱ.①江…②张…③李… Ⅲ.①建筑材料—仿真—实验—高等职业教育—教材 Ⅳ.①TU502

中国国家版本馆 CIP 数据核字(2024)第 020425 号

高等学校土木工程专业系列教材

书　　名	建筑材料虚拟仿真实验教程
著 作 者	江　宏　张冬梅　李　平
责任编辑	李　瑞
责任校对	赵媛媛
责任印制	刘高彤
出版发行	人民交通出版社
地　　址	(100011)北京市朝阳区安定门外外馆斜街 3 号
网　　址	http://www.ccpcl.com.cn
销售电话	(010)59757973
总 经 销	人民交通出版社发行部
经　　销	各地新华书店
印　　刷	北京建宏印刷有限公司
开　　本	787×1092　1/16
印　　张	6.25
字　　数	152 千
版　　次	2024 年 1 月　第 1 版
印　　次	2024 年 1 月　第 1 次印刷
书　　号	ISBN 978-7-114-19334-7
定　　价	30.00 元

前　　言

随着我国公路建设的快速发展,公路已成为促进国民经济发展、推动社会进步、优化资源配置、促进区域协调发展和对外开放的重要载体,具有重要的基础性、先导性和战略性地位。在公路及各类建设工程中,材料质量是保证工程质量的首要条件,而材料质量需要依托材料实验检验。

为响应教育信息化发展,满足21世纪创新型、综合型人才的培养需要,使学生高效率地掌握实验技能,本教材按照教育部课程教学大纲,依托2015年获批的长沙理工大学公路交通国家级虚拟仿真实验中心与土木工程专业国家级实验教学示范中心,结合长沙理工大学交通运输工程学院实验室教师多年的教学经验积累精心编写而成。本教材内容上涵盖建筑材料实验基本知识点讲解、虚拟仿真实验流程介绍、操作难点解析及实验结果计算和分析。通过详细的图解示例讲解虚拟仿真实验流程,通俗易懂,难度适中。同时,本教材对各实验内容与操作进行了高度概括,与虚拟仿真实验流程对应,避免学生使用计算机操作虚拟仿真系统时感到茫然,能有效地提高学生的学习能力与实操能力。建筑材料实验作为土木工程专业实验的一个重要组成部分,注重专业基础理论与规范的关系,本教材结合最新的土木工程行业规范,进行专业实验技能的培养,用虚拟仿真实验方式重现真实的实验环境与条件,能为学生提供全天候、施工全周期、全过程的实验体验,这通过传统的实践教学手段往往难以达成,实际的公路建设、运营与管理在自然天气环境和现有车辆通行条件下,无法为学生提供真实安全的实验操作环境,应用虚拟仿真教学软件进行模拟,可以让学生在安全舒适的环境中进行实验操作,解决常规材料实验中的能耗、废弃物等问题,提高常规实验设备的利用效率,降低实验成本,提高实验效率。

本教材大纲以及第1章、第4章和第6章由长沙理工大学江宏撰写,第2章、第3章和第5章由长沙理工大学张冬梅撰写,第7章、第8章和第9章由长沙理工大学李平撰写。

由于时间仓促,加之作者水平有限,书中存在疏漏和不当之处,恳请各位专家、学者和读者不吝指正。

编　者
2024年1月

目　　录

第1章 建筑材料虚拟仿真实验系统简介

建筑材料虚拟仿真实验系统包含实验场地、实验设备等,通过仿真的虚拟实验场景,使参与实验的操作者可以真实地感受到实验的过程和乐趣。在教学场景下,学生通过虚拟实验的操作,可以从不同的角度观察实验的过程;可以第一人称在虚拟场景中沉浸式地完成虚拟场景实验;也可以在虚拟实验场景中进行交互,实时地对实验场景进行缩放、平移、旋转,快速观察实验场景的全貌。同时学生可不受时空限制地进行实验,大大降低了实验的经济成本和时间成本,缓解了实验室资源与选课人数的矛盾,提高了学习和研究效率,为大规模的线上培训提供了相应的支撑,实现在线实验教学新模式的创新与突破。

目前国内各高校的建筑材料实验教学现状中普遍存在的问题有:

(1)由于学生人数逐年增多,学校经费紧张、实验场地或设备陈旧,不能满足实际需求;

(2)学生参与度不高,兴趣不够,缺乏学习主动性;

(3)未能完善地考虑学生实验的安全性,没有理想实验环境,高危实验很难呈现和操作;

(4)实验设备的便携性与拓展性较差,做实验只能前往具有特有功能的实验室,原材料的存放占据实验室空间,造成实验室管理困难;

(5)某些实验现象不易观察,实验等待时间或周期过长;

(6)流程化的实验操作模式,不利于培养学生的创新与拓展思维。

建筑材料虚拟仿真实验利用计算机建立关于实验对象的逻辑模型,对实验流程的本质进行简化与抽象,抓住主要矛盾与核心要素,建立与开发仿真模型,体现实验的客观场景、功能与流程。场景呈现以核心要素为基础,采用适当的内容和形式,以实验教学目的为标尺真实反映实验场景,符合客观规律,反映实验对象的运动过程和结果。

本教材内容具有"全而新"的特点,突出教学内容和课程体系的改革成果,注重归纳共性和总结规律,启发和引导学生的创新思维。既通俗易懂,又简明实用。本教材内容以水泥混凝土与沥青混合料相关实验为主线,选取其中具有代表性的实验,通过在实验室内对水泥混凝土与沥青混合料相关实验设备的外形尺寸等资源进行采集,并通过各设备厂商提供的最新设备参数资料,在整合各类资源的基础上动态展示虚拟的实验环境,并按照各实验的固定步骤将操作过程动态流程化,使得有些需要理想实验环境或高能耗才能完成的实验便于实现,更高效地完成虚拟仿真教学:

(1)将模拟的虚拟实验场景简化,降低学习难度,激发学生学习兴趣,帮助学生深入了解实验的基本流程,并从实验整体到局部建立起直观的感性认识;

(2)提高学生对专业基础知识的理解能力,加深对基本概念的理解,成为虚拟实验教学的

有力补充;

(3)通过文字性的介绍,方便学生在课前对实验进行预习,促进学生进行"探究式、自主式"学习,提高学生专业综合实践能力;

(4)本教材解决了学生在虚拟实验过程中遇到问题无从下手的困扰,使学生在遇到困难时能快速得到帮助,更好地理解实验过程中的重点和难点等。

1.1　实验基本要求

建筑材料实验是土木工程材料实验课程中的重要组成部分。不同的土木工程材料在工程结构物中起着不同的作用。在我国公路桥梁建设中,水泥混凝土与沥青混合料是主要的建筑材料。材料的各种性质与其化学组成成分、物理性质和级配等因素有着密切的联系。为了保证工程的总体质量,必须在施工过程中选择和使用满足规范与设计要求的原材料,对水泥、集料、水泥混凝土、沥青、沥青混合料的基本性能进行测试。

为了更好地达到实验的目的,应做到以下几点:

(1)掌握基本的实验方法与实验结果分析方法,掌握数理统计、正交实验设计、回归分析等分析方法,并掌握基本计算机操作技巧、熟悉 Microsoft Office、AutoCAD、Origin 等软件的安装和应用。

(2)实验前已初步学习建筑材料理论课程,并对相关实验内容进行了预习,明确实验的目的与基本原理,对实验需使用的仪器设备有基本了解。

(3)在实验过程中进行良好地规划与调度,遵守实验操作规程,遵守相应的技术规范与行业标准,在实验过程中密切观察各类实验现象,及时做好实验数据记录。

(4)在实验完成后,对实验数据与结论进行分析,完成实验报告。

1.2　启动方式与硬件配置

在长沙理工大学交通运输工程学院实验室使用预装软件电脑登录或登录长沙理工大学虚拟仿真实验网站(网站地址为 http://47.92.88.78//cslg//CH//login.html),打开长沙理工大学虚拟仿真实验系统,双击长沙理工大学虚拟仿真实验图标 。登录软件的电脑硬件配置要求如下:

(1)最低配置:

操作系统:Windows7//8//10(64-bit)

处理器:锐龙 3 5300GAMDFX-8320(3,5GHz)//Inteli5Inteli3-131004690K(3,5GHz)

内存:8GBRAM

图形卡:1GB,AMDRadeonR7360//NVIDIAGeForceGTX560Ti

显示器:分辨率 1280×800

DirectX 版本:11

网络:宽带互联网连接 10M

存储空间:需要 1000GB 可用空间

(2)推荐配置:

操作系统:Windows7//8//10(64-bit)

处理器：锐龙 7 5800XAMDFX-8370(4,0GHz)∥IntelCorei7-382013700(3,6GHz)

内存:16GBRAM

图形卡:4GB，RTX 3090AMDRadeonRX480∥RX 6800 XT

显示器:分辨率 1920×1080NVIDIAGeForceGTX970

DirectX 版本:11

网络:宽带互联网连接 100M

存储空间:需要 1000GB 可用空间

1.3　软件运行界面

登录网站后输入用户名与密码即可登录,未注册的用户需提前注册,如图 1-1 和图 1-2 所示。

图 1-1　软件登录界面

图 1-2　软件登录后界面

登录软件后可在左边的实验菜单选择相应的实验项目进行学习。

1.4　3D 场景仿真系统介绍

(1)系统采用 B/S 模式,包含平台和虚拟沙盘两部分。

(2)系统支持用户登录、用户管理和角色设置,其中角色包含老师和学生。

(3)支持实验排队功能,控制访问虚拟实验的人数。

(4)支持老师自主编辑实验项目的相关知识,如实验目的、实验原理等。

(5)支持老师查看学员的实验操作分数以及实验报告。

(6)支持学员学习实验相关理论知识和虚拟操作步骤。

(7)支持保存学员操作考核成绩,方便让老师查看。

(8)配备手持终端,可无线遥控系统的开启与各模块的运行。

(9)部分实验支持各类气候条件下的灯光场景切换。

(10)建立虚拟的实验环境和实验模型,模拟实验过程,测量建筑材料的各项指标与性能,评定其是否满足设计要求。

(11)涵盖实验目的和适用范围、仪器与材料、实验方法、实验步骤、计算结果等内容,能实现完整的实验流程。

(12)建立实验设备数字模型,对实验设备的结构功能通过三维动态的形式进行介绍,对教学内容进行全面展示。

(13)交互完成实验过程,展现实验数据和结果。

(14)实验动画展示,配合语音解说,生动、直观地展示相关知识内容,包含实验结果计算、曲线绘制等全部内容。

1.5　功能钮介绍

在软件运行的过程中,单击软件右上方和左边的通用功能按钮(图 1-3)可以实现以下基本功能。

图 1-3　软件操作界面示例

（1）实验目的

介绍完成本实验的基本目标与要求。

（2）试件尺寸

为完成本实验所需要制作成型的试件的形状与规格。

（3）基本概念

在实验前需要掌握的与实验流程相关的基本理论知识。

（4）实验标准

实验所遵循的国家及行业标准。

（5）演示操作

采用 3D 模拟的方式用即时视频展现整个实验的流程。

（6）注意事项

实验过程中需要特别注意的事项,需要提供的特殊实验环境或高危物品使用的特殊标准等。

（7）开始实验

通过鼠标和键盘以交互的方式完成实验过程,展现实验数据和结果。

（8）实验考核

收集学生的操作轨迹,进行处理后对其实验过程进行动态评分。

1.6　主要操作说明

在左侧列表中选取实验后,首先可通过单击上方的实验目的、基本概念、实验标准、注意事项等按钮,学习相关实验内容与操作流程,然后单击开始实验与演示操作,观看实验演示,演示的过程中配有实验讲解,可戴上耳机聆听,在演示的过程中单击右边中间的两个键可暂停或继续。部分实验提供昼夜场景的变换,单击右下的昼/夜可实现（图 1-4）。

图 1-4　实验 3D 演示示例

看完演示操作后,单击开始实验,使用鼠标与键盘,按软件提示进行操作,完成实验并得到相应的实验数据与结论,在操作的过程中,软件在屏幕上方会给出相应的文字提示,根据操作的正确与错误,软件会给出相应的反馈,鼠标左键单击部件,如果选择了正确操作步骤中的设备或部件,将不会有提示,会直接触发下一个步骤,否则将弹出提示,即以红箭头指示应该操作的正确部位。部分实验在操作完成时,软件会根据操作的熟练程度与操作时间给予评分(图1-5)。

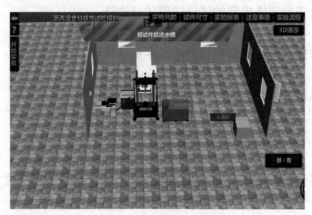

图1-5　实验操作提示示例

学生可以实时地缩放、平移、旋转场景,通过这种方式,学生可以快速观察到实验场景的全貌和实验细节。

(1)改变观察视角

按住鼠标左键拖动鼠标上下左右移动,可上下左右改变观察场景的视角。

(2)平移观察场景

按住鼠标中键的滑轮拖动鼠标上下左右移动,可前后左右水平移动观察场景。

(3)放大和缩小

按住鼠标右键上下拖动鼠标或滚动鼠标滚轮,可放大或缩小场景。

第2章 沥青混合料马歇尔稳定度实验

2.1 实验目的

将成型的马歇尔试件在规定时间内放置在已达规定的恒温水槽中,测定沥青混合料的稳定度和流值等指标,经计算绘制出油石比与稳定度、流值、密度、空隙率、饱和度的关系曲线,最后确定出沥青混合料的最佳油石比,以进行沥青混合料配合比设计或沥青路面施工质量检验。

2.2 实验设备

(1)沥青混合料马歇尔试验仪(图 2-1):对用于高速公路和一级公路的沥青混合料宜采用自动马歇尔试验仪,用计算机或 x-y 记录仪记录荷载—位移曲线,并具有自动测定荷载与试件垂直变形的传感器、位移计,能自动显示和打印实验结果。对标准马歇尔试件,试验仪最大荷载不小于 25kN,读数精确至 0.1kN,加载速率应保持 50mm/min ± 5mm/min。钢球直径 16mm ± 0.05mm,上下压头曲率半径为 50.8mm ± 0.08mm。

(2)恒温水槽:控温准确度为 1℃,深度不低于 150mm。

(3)真空饱水容器:由真空泵和真空干燥器组成。

(4)烘箱。

(5)天平:感量不大于 0.1g。

(6)温度计:分度值为 1℃。

(7)游标卡尺。

(8)其他:棉纱、黄油。

图 2-1 沥青混合料马歇尔试验仪

2.3 实验室实验流程

(1)按照《沥青及沥青混合料试验规程》(JTG E20—2011)规定成型马歇尔试件,标准的马歇尔试件尺寸应符合直径 101.6mm ± 0.2mm,高 63.5mm ± 1.3mm 的要求。一组试件的数量不得少于 4 个。

(2)测量试件直径和高度:用卡尺测量试件中部的直径,用马歇尔试件高度测定器或卡尺在十字对称的 4 个方向量测试件边缘 10mm 处的高度,准确至 0.1mm,并取 4 个值的平均值作为试件的高度。如试件高度不符合 63.5mm ± 1.3mm 的要求或两侧高度差大于 2mm 时,此试件应作废。

（3）将测定密度后的试件置于已达规定温度的恒温水槽中保温,标准马歇尔试件需 30 ~ 40min。试件之间应有间隔,并被架起,试件距水槽底部不小于 5cm。恒温水槽的温度分别为:对黏稠石油沥青混合料或烘箱养生过的乳化沥青混合料为 60℃ ±1℃,对煤沥青混合料为 33.8℃ ±1℃,对空气养生的乳化沥青或液体沥青混合料为 25℃ ±1℃。

（4）将马歇尔试验仪的上下压头放入水槽或烘箱中达到与试件相同的温度。再将试件取出置于下压头上,盖上上压头,然后装在加载设备上。

（5）在上压头的球座上放妥钢球,并对准荷载测定装置的压头。

（6）当采用自动马歇尔试验仪时,将自动马歇尔试验仪的压力传感器、位移传感器与计算机或 x-y 记录仪正确连接,调整好适宜的放大比例。设置好计算机程序或将 x-y 记录仪的记录笔对准原点。

（7）当采用压力环和流值计时,将流值计安装在导棒上,使导向套管轻轻地压住上压头,同时将流值计读数调零。调整压力环中百分表,对零。

（8）启动加载设备,使试件承受荷载,加载速度为 50mm/min ±5mm/min。计算机或 x-y 记录仪自动记录传感器压力和试件变形曲线,并将数据自动存入计算机。

（9）当试验荷载达到最大值的瞬间,取下流值计,同时读取压力环中的百分表或荷载传感器读数及流值计的流值读数。

（10）从恒温水槽中取出试件至测出最大荷载值的时间,不得超过 30s。

2.4 虚拟仿真实验的主要操作流程

打开长沙理工大学虚拟仿真实验系统,在左侧的实验列表中选择沥青混合料高温稳定性实验,在弹出的界面中选择沥青混合料马歇尔实验制件。

（1）将视角移动到烘箱门处,单击烘箱门即打开,将集料托盘放入烘箱中烘干（图 2-2）,单击烘箱门即关闭。

图 2-2　将集料托盘放入烘箱中烘干

（2）待集料烘干后，单击烘箱门打开烘箱取出集料（图2-3），用鼠标单击小铲将集料分成4份。

图2-3 打开烘箱取出集料

（3）单击集料，将取出的集料称重（图2-4）。

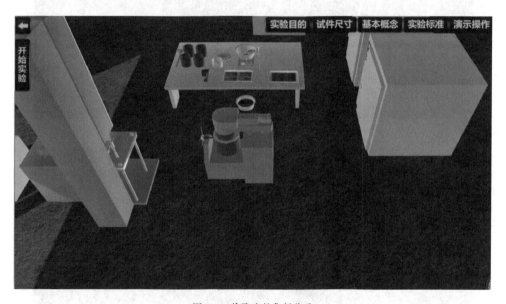

图2-4 将取出的集料称重

（4）单击烘箱门打开，将矿粉托盘放入烘箱，单击烘箱门关闭，进行加热（图2-5）。

（5）单击沥青试样，将沥青试样备好（图2-6）。

（6）单击烘箱门打开，将沥青试样放入烘箱，再次单击关闭（图2-7）。

图 2-5　将矿粉托盘放入烘箱加热

图 2-6　备好沥青试样

图 2-7　将沥青试样放入烘箱

（7）单击试模、套筒、底座，将试模、套筒、底座放入烘箱，关闭烘箱门（图2-8）。

图2-8　将试模、套筒、底座放入烘箱

（8）单击沥青混合料拌和机上的按钮，调节沥青混合料拌和机温度（图2-9）。

图2-9　调节沥青混合料拌和机温度

（9）单击集料，将集料加入沥青混合料拌和机进行搅拌（图2-10）。

（10）单击烘箱门打开，取出沥青试样倒入沥青混合料拌和机（图2-11）。

（11）单击沥青混合料拌和机下降按钮，启动搅拌（图2-12）。

图 2-10　将集料加入沥青混合料拌和机进行搅拌

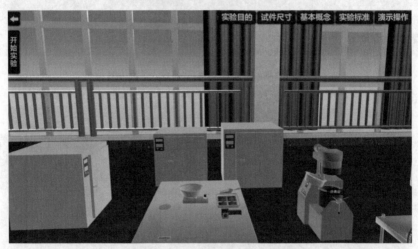

图 2-11　将沥青倒入沥青混合料拌和机

图 2-12　启动拌和机进行沥青混合料搅拌

（12）等待搅拌完毕,单击拌和机摇杆升起拌和机的搅拌叶片,单击预热的矿粉加入到拌和机,继续搅拌(图 2-13)。

图 2-13　加入预热矿粉继续搅拌

（13）等待搅拌完毕,单击拌和机摇杆升起拌和机的搅拌叶片,倒出沥青混合料(图 2-14)。

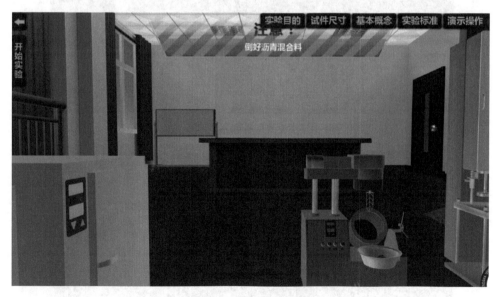

图 2-14　倒出沥青混合料

（14）单击沥青混合料称取沥青混合料重量并记录(图 2-15)。

（15）单击烘箱门从烘箱中取出预热好的试模三件套,装配试模,垫入滤纸(图 2-16)。

（16）单击试模将试模称重,单击试料将试料倒入试模中称重并记录(图 2-17)。

图 2-15　称取沥青混合料重量

图 2-16　装配试模,垫入滤纸

图 2-17　将试料倒入试模中称重

（17）将装有试样的试模在称重后，单击刮刀用刮刀沿边缘插捣，将沥青混合料试件表面用刮刀整平（图 2-18）。

图 2-18　将沥青混合料试件表面整平

（18）单击数字温枪用温枪检测沥青混合料温度（图 2-19）。

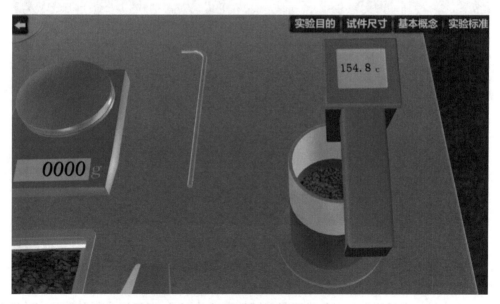

图 2-19　检测沥青混合料温度

（19）单击试件将试件放至马歇尔击实仪上，单击击实锤将击实锤放入，压紧扳手（图 2-20）。

图 2-20　安放沥青混合料马歇尔试件

（20）单击马歇尔击实仪上的小屏幕设置击实次数并开始击实（图 2-21）。

图 2-21　设置击实次数并开始击实

（21）单击套筒取下套筒，单击试模将试模翻面，继续击实另一面（图 2-22）。

（22）单击滤纸取出滤纸，将试件脱模（图 2-23）。

（23）单击游标卡尺用游标卡尺准确量取试件直径并记录，沥青混合料马歇尔实验准备结束（图 2-24）。

图 2-22　调头继续击实

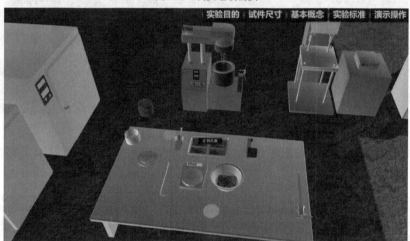

图 2-23　脱模

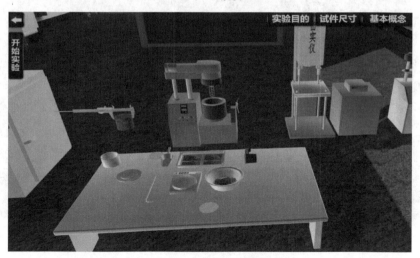

图 2-24　准确量取试件直径

2.5 沥青混合料马歇尔稳定度实验步骤

打开长沙理工大学虚拟仿真实验系统,在左侧的实验列表中选择沥青混合料高温稳定性实验,在弹出的界面中选择沥青混合料马歇尔稳定度实验。

(1)单击试件将试件置于恒温水箱中进行保温(图2-25)。

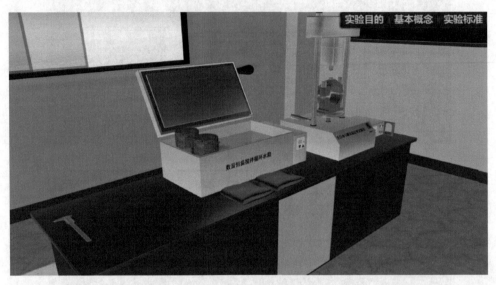

图2-25 将试件置于恒温水箱中进行保温

(2)单击马歇尔试验仪将马歇尔试验仪夹头放入恒温水箱,单击恒温水箱箱盖关闭恒温水箱(图2-26)。

图2-26 将实验夹头放入恒温水箱

（3）单击马歇尔试验仪夹头,将马歇尔试验仪夹头取出,用毛巾将水擦干(图2-27)。

图 2-27　取出夹头擦干

（4）单击马歇尔试验仪夹头,将马歇尔试验仪夹头放置于试验仪上;单击稳定度仪器上的开关按钮,开启稳定度仪器开关(图2-28)。

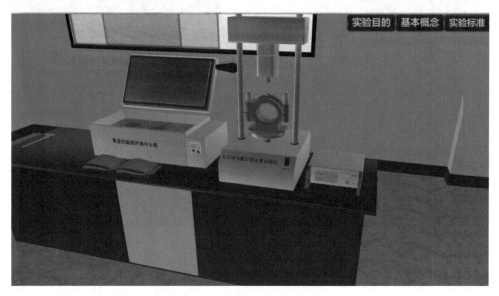

图 2-28　开启稳定度仪器开关

（5）单击试件将试件从恒温水箱中拿出,再次单击试件装在夹头上(图2-29)。

（6）单击钢球将测试用的钢球放妥,调整测定装置(图2-30)。

（7）单击仪器上的启动按钮,启动装置,待仪器自动开始试验后记录数据,直到试验结束。

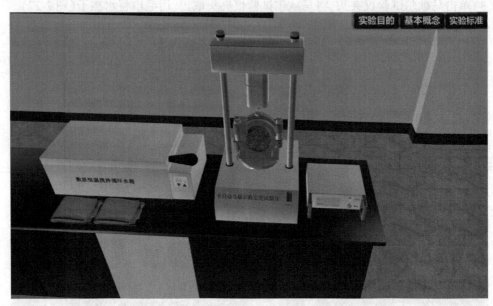

图 2-29　将试件装入夹头

图 2-30　调整测定装置

2.6　计算结果

将采集的数据绘制成压力和试件变形曲线,或由 x-y 记录仪自动记录的荷载—变形曲线,在切线方向延长曲线与横坐标相交于 O_1,将 O_1 作为修正原点,从 O_1 起量取相当于最大荷载值时的变形作为流值,以 mm 计,准确至 0.1mm。最大荷载即为稳定度 MS,以 kN 计,准确至 0.01kN。

马歇尔模数按式(2-1)计算：

$$T = \frac{MS}{FL}$$

(2-1)

式中：T——试件的马歇尔模数，kN/mm；

MS——试件的稳定度，kN；

FL——试件的流值，mm。

2.7　实验结果报告(表 2-1)

沥青混合料稳定度实验原始记录表　　　　　　　　表 2-1

实验环境	温度：		湿度：		实验方法		
实验规程					实验设备		
样品描述					实验日期		
水温					锤击次数(每面)		
试件编号	试件厚度(mm)				稳定度(kN)		流值(mm)
	单值						
1							
2							
3							
4							
5							
6							
7							
8							

(1)当一组测定值中某个数值与平均值之差大于标准差 k 倍时，该测定值应予以舍弃，并以其余测定值的平均值作为实验结果。当试验数 n 为 3、4、5、6 时，k 值分别为 1.15、1.46、1.67、1.82。

(2)实验结果应附上荷载—变形曲线原件或打印结果，并报告马歇尔稳定度、流值、马歇尔模数以及试件尺寸、试件的密度、空隙率、沥青用量、沥青体积百分率、沥青饱和度、矿料间隙率等各项物理指标。

第3章 沥青混合料高温车辙实验

3.1 实验目的

(1)本方法适用于测定沥青混合料的高温抗车辙能力,用于检验沥青混合料的高温稳定性。

(2)辅助性检验沥青混合料配合比设计。

3.2 实验设备

3.2.1 CZ-4型车辙试件成型仪(图3-1)

(1)用途

①主要用于车辙实验时成型沥青混合料试件。

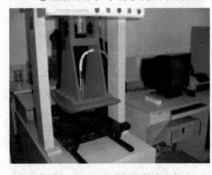

图3-1 CZ-4型车辙试件成型仪

②适用于沥青混合料其他物理力学性能实验的轮碾法试件制作。

(2)主要技术指标

①碾压轮:半径500mm,宽300mm。

②碾压轮温度范围:(可任意设定)室温~200℃。

③承载车走行速度:6次往返/min。

④承载车走行距离:300mm。

⑤承载车走行次数:0~999次(任意设定)。

⑥碾压轮压力范围:0~12kN。

⑦碾压轮线压力:300N/cm。

⑧试件模型尺寸:300cm×300cm×50cm。

⑨整机轮廓尺寸:200cm(长)×63cm(宽)×136cm(高)。

⑩整机重量:1.2t。

3.2.2 车辙试验机(图3-2)

①试验台:可牢固地安装两种宽度(300mm和150mm)的规定尺寸试件的试模。

②试验轮:橡胶制的实心轮胎。外径 ϕ200mm、轮宽50mm、橡胶层厚15mm。橡胶硬度(国际标准硬度)在20℃时为84±4;在60℃时为78±2,试验轮行走距离为230mm±10mm,往返碾压速度为42次/min±1次/min(21次往返/min),允许采用曲柄连杆驱动试验台运动(实

验轮不动)的任一种方式。

③加载装置:使试验轮与试件的接触压强在 60℃时为 0.7MPa ± 0.05MPa,施加的总荷载为 78kg 左右,根据需要可以调整。

④试模(图 3-3):由钢板制成,由底板及侧板组成,试模内侧长为 300mm、宽为 300mm、厚为 50mm。

图 3-2　车辙试验机　　　　　　　　　　　　　　　图 3-3　试模

⑤变形测量装置:自动检测车辙变形并记录曲线的装置,通常用 LVDT(Linear Variable Differential Transformer,线性可变差动变压器)、电测百分表或非接触位移计。

⑥温度检测装置:自动检测并记录试件表面及恒温室内温度的温度传感器、温度计(精密度 0.5℃)。

3.2.3　恒温室

车辙试验机必须整机安放在恒温室内,装有加热器、气流循环装置及装有自动温度控制设备,能保持恒温室温度为 60℃ ±1℃(试件内部温度 60℃ ±0.5℃),根据需要也可调节成其他温度,用于保温试件并进行检验。温度应能自动连续记录。

3.2.4　台秤

称量 15kg,感量不大于 5g。

3.3　实验室实验流程

3.3.1　车辙试件的成型

(1)按马歇尔稳定度试件成型方法,确定沥青混合料的拌和温度和压实温度。

(2)将金属试模及小型击实锤等置于约 100℃的烘箱中加热 1h 备用。

(3)称出制作一块试件所需的各种材料的用量。先按试件体积(V)乘以马歇尔稳定度击实密度,乘以系数 1.03,即得材料总量,再按配合比计算出各种材料用量。分别将各种材料放入烘箱中预热备用。

(4)将预热的试模从烘箱中取出,装上试模框架,在试模中铺一张裁好的普通纸,使底面及侧面均被纸隔离,将拌和好的全部沥青混合料用小铲稍加拌匀后均匀地沿试模由边至中按顺序装入试模,中部要略高于四周。

（5）取下试模框架,用预热的小型击实锤由边至中压实一遍,整平成凸圆弧形。

（6）插入温度计,待混合料冷却至规定的压实温度时,在表面铺一张裁好尺寸的普通纸。

（7）当用轮碾机碾压时,宜先将碾压轮预热至100℃左右(如不加热,应铺牛皮纸),然后将盛有沥青混合料的试模置于轮碾机的平台上,轻轻放下碾压轮,调整总荷载为9kN(线荷载为300N/cm)。

（8）启动轮碾机,先在一个方向碾压2个往返(4次),卸载,再抬起碾压轮,将试件掉转方向,再加相同荷载碾压至马歇尔标准密实度100%±1%为止。试件正式压实前,应经试压确定碾压次数,一般12个往返(24次)左右可达要求。如试件厚度大于100mm时须分层压实。

（9）当用手动碾碾压时,先用空碾碾压,然后逐渐增加砝码荷载,直至将5个砝码全部加上,进行压实。至马歇尔标准密实度100%±1%为止。碾压方法及次数应由试压决定,并压至无轮迹为止。

（10）压实成型后,揭去表面的纸。用粉笔在表面上标明碾压方向。

（11）盛有压实试件的试模,在室温下冷却,至少12h后方可脱模。

3.3.2 车辙实验

（1）测定试验轮接地压强:测定在60℃时进行,在试验台上放置一块50mm厚的钢板,其上铺一张毫米方格纸,铺一张新的复写纸,以规定的700N荷载后试验轮静压复写纸,即可在方格纸上得出轮压面积,由此求出接地压强,应符合0.7MPa±0.05MPa,如不符合,应适当调整荷载。

（2）按轮碾法成型试件后,连同试模一起在常温条件下放置时间不得少于12h。对聚合物改性沥青,以48h为宜。试件的标准尺寸为300mm×300mm×50mm,也可从路面切割得到300mm×150mm×50mm的试件。

（3）将试件连同试模置于达到实验温度60℃±1℃的恒温室中,保温不少于5h,也不多于24h,在试验轮不行走的试件部位上,粘贴一个热电偶温度计,控制试件温度稳定在60℃±0.5℃。

（4）将试件连同试模移至车辙试验机的试验台上,试验轮在试件的中央部位,其行走方向须与试件碾压方向一致。开启车辙变形自动记录仪,然后启动试验机,使试验轮往返行走,时间约1h,或最大变形达到25mm为止。实验时,记录仪自动记录变形曲线及试件温度。

3.4 虚拟仿真实验的主要操作流程

打开长沙理工大学虚拟仿真实验系统,在左侧的实验列表中选择沥青混合料高温稳定性实验,在弹出的界面中选择沥青混合料车辙实验。

（1）测定试验轮接地压强:单击试验台上的方格纸,在车辙仪内部钢板上铺一张毫米方格纸(图3-4)。

（2）单击试验台上的复写纸,在车辙仪内部钢板上再铺一张新的复写纸(图3-5)。

（3）单击摇杆,放下测试车轮,以规定的700N荷载实验轮静压复写纸(图3-6)。

图 3-4　铺一张毫米方格纸

图 3-5　铺一张新的复写纸

图 3-6　静压复写纸

（4）单击红色的摇杆,升起测试车轮,取出复写纸、方格纸、钢板,计算接地压强（图3-7）。

图3-7　计算接地压强

（5）单击试件,将试件和试模放到恒温室中保温（图3-8）,单击热电偶温度计粘贴一个热电偶温度计。

图3-8　将试件和试模放到恒温室中保温

（6）单击控制计算机,启动试验机（图3-9）,自动采集数据。

（7）待碾压完成（图3-10）,实验结束,得出实验结果。

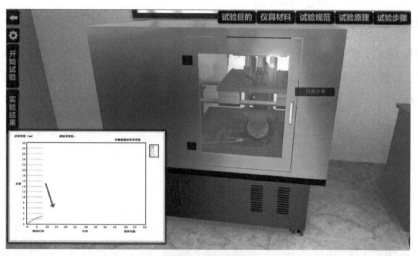

图 3-9　启动试验机

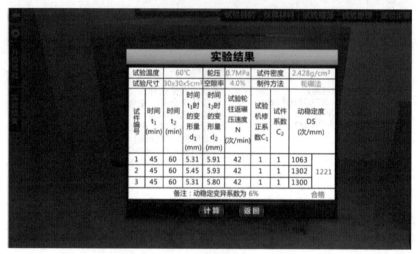

图 3-10　碾压完成

3.5　沥青混合料车辙实验记录

沥青混合料车辙实验记录见表 3-1。

沥青混合料车辙实验记录表　　　　表 3-1

实验温度	60℃	轮压	0.7MPa	试件密度	2.428g/cm³
实验尺寸	30cm×30cm×5cm	空隙率	4.0%	制件方法	轮碾法
试件编号	时间 t_1（min）	时间 t_2（min）	时间 t_1时的变形量 d_1（mm）	时间 t_2时的变形量 d_2（mm）	试验轮往返碾压速度 N（次/min）	试验机类型修正系数 C_1	试件系数 C_2	动稳定 DS（次/mm）
1								
2								
3								

注：动稳定变异系数为 5.0%。

27

3.6 计算结果

（1）从图 3-11 上读取 $45\min(t_1)$ 及 $60\min(t_2)$ 时的车辙变形 d_1 及 d_2，精确至 $0.01\mathrm{mm}$。如变形过大，在未到 $60\min$ 变形已达 $25\mathrm{mm}$ 时，则以达到 $25\mathrm{mm}(d_2)$ 时的时间为 t_2，将试验时间 $15\min$ 设为 t_1，此时的变形量为 d_1。

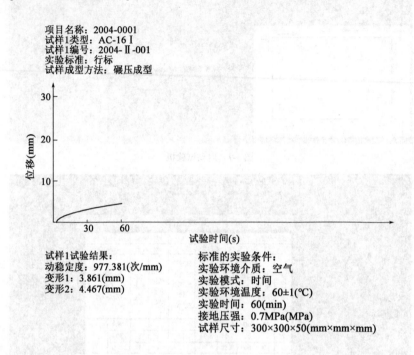

项目名称：2004-0001
试样1类型：AC-16 I
试样1编号：2004-II-001
实验标准：行标
试样成型方法：碾压成型

试样1试验结果：
动稳定度：977.381(次/mm)
变形1：3.861(mm)
变形2：4.467(mm)

标准的实验条件：
实验环境介质：空气
实验模式：时间
实验环境温度：60±1(℃)
实验时间：60(min)
接地压强：0.7MPa(MPa)
试样尺寸：300×300×50(mm×mm×mm)

图 3-11　车辙实验变形曲线

（2）沥青混合料试件的动稳定度按式（3-1）计算：

$$DS = (t_2 - t_1) \times 42 \times C_1 \times C_2 / (d_2 - d_1) \tag{3-1}$$

式中：DS——沥青混合料的动稳定度，次/mm；

　　d_1——时间为 t_1（一般为 $45\min$）时的变形量，mm；

　　d_2——时间为 t_2（一般为 $60\min$）时的变形量，mm；

　　42——试验轮每分钟行走次数，次/min；

　　C_1——试验机类型修正系数，曲柄连杆驱动试件的变速行走方式为 1.0，链驱动试验轮的等速行走方式为 1.5；

　　C_2——试件系数，实验室制备的宽 300mm 的试件为 1.0，从路面切割的宽 150mm 的试件为 0.8。

3.7 实验结果报告

同一沥青混合料或同一路段的路面，至少平行试验三个试件，当三个试件动稳定度变异系数小于 20% 时，取其平均值作为实验结果。当变异系数大于 20% 时应分析其原因，并追加实验。如动稳定度值大于 6000 次/mm 时，记作 >6000 次/mm。

第4章 水泥标准稠度用水量实验

4.1 实验目的

水泥标准稠度净浆对标准杆的沉入具有一定的阻力。通过试验不同含水率的水泥净浆的穿透性以确定水泥标准稠度净浆所需加入的水量。水泥的凝结时间、安定性均受水泥浆稠度的影响,为了使含水率不同的水泥具有可比性,必须制订一个标准稠度。通过此项实验测定水泥浆达到标准稠度时的用水量,可作为凝结时间和安定性实验用水量的标准。

4.2 实验设备

①标准维卡仪,应符合现行《水泥净浆标准稠度与凝结时间测定仪》(JC/T 727)的规定。

②标准稠度测定用试杆由有效长度为50mm±1mm、直径为10mm±0.05mm的圆柱形耐磨腐蚀金属制成。测定凝结时间用试针由钢制成,其有效长度初凝针为50mm±1mm,终凝针为30mm±1mm、直径1.13mm±0.05mm,滑动部分的总质量为300g±1g。

③盛装水泥净浆的试模深为40mm±0.2mm,圆锥台顶内径为65±0.5mm,底内径为75mm±0.5mm。每个试模应配备一个边长或直径为100mm、厚度为4~5mm的平板玻璃底板或金属底板。

4.3 实验室实验流程

(1)实验前确保标准维卡仪的金属棒能自由滑动。试模和玻璃底板用湿布擦拭(但不允许有明水),将试模放在底板上。调整至试杆接触玻璃板时,指针对准零点。水泥搅拌机正常运行。

(2)水泥净浆的拌制,用水泥净浆搅拌机搅拌,搅拌锅和搅拌叶片先用湿布擦过,将拌和水倒入搅拌锅内,然后在5~10s内将称好的500g水泥加入水中,防止水和水泥溅出。拌和时,先将锅放在搅拌机的锅座上,升至搅拌位置,启动搅拌机,低速搅拌120s后停止15s,同时将叶片和锅壁上的水泥净浆刮入锅中间,接着高速搅拌120s后停机。

(3)拌和结束后,立即取适量的水泥净浆一次性将其装入已置于玻璃底板上的试模中,浆体超过试模上端,用宽约25mm的直边刀轻轻拍打超出试模部分的浆体5次,以排除浆体中的孔隙,然后在试模表面约1/3处,略倾斜于试模分别向外轻轻锯掉多余净浆,再沿试模边轻抹顶部一次,使净浆表面光滑。在锯掉多余净浆和抹平的操作过程中注意不要压实净浆。抹平后迅速将试模和底板移到标准维卡仪上,并将其中心定在试杆下,降低试杆直至与水泥净浆表面接触,拧紧螺钉 1～2s 后,突然放松,使试杆垂直自由地沉入水泥净浆中。在试杆停止沉入或释放试杆 30s 时记录试杆与底板之间的距离,升起试杆后,立即擦净。整个操作过程应在搅拌后的 90s 内完成,以试杆沉入水泥净浆并距底板 6mm±1mm 的水泥净浆为标准稠度净浆,其拌和用水量为水泥标准稠度用水量,按水泥质量的百分比计,结果精确至 1%。

4.4 虚拟仿真实验的主要操作流程

打开长沙理工大学虚拟仿真实验系统,在左侧的实验列表中选择水泥标准稠度用水量实验。

(1)单击维卡仪固定螺栓,使其松开(图 4-1)。

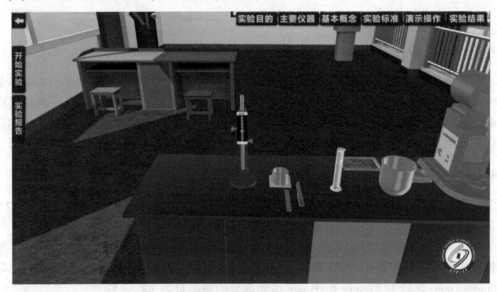

图 4-1 松开维卡仪固定螺栓

(2)分别单击锥模和底板,将锥模和底板放到维卡仪上(图 4-2)。

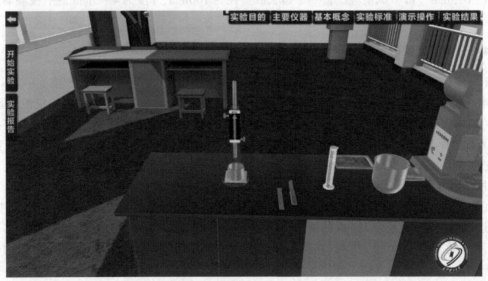

图 4-2 将锥模和底板放到维卡仪上

（3）单击维卡仪固定螺栓，使其移动，试杆落下，将指针调零（图4-3）。

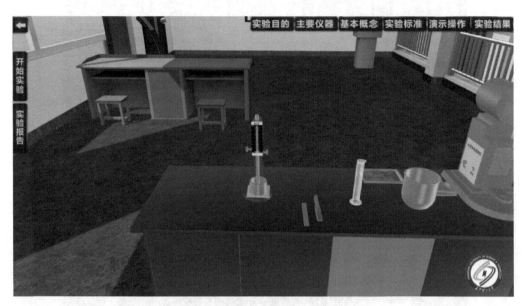

图 4-3　指针调零

（4）单击维卡仪试杆，使其升高，拿出锥模和底板（图4-4）。

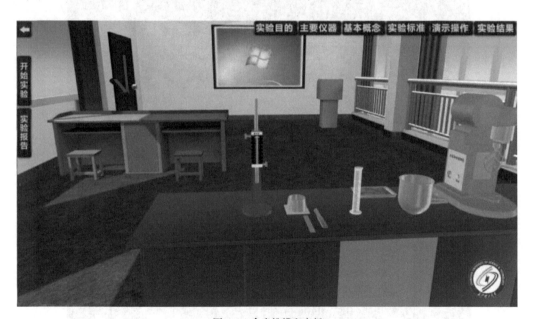

图 4-4　拿出锥模和底板

（5）单击湿布，用湿布擦拭搅拌锅和搅拌叶片（图4-5）。

（6）单击量筒，将量筒内的水倒入搅拌锅（图4-6）。

（7）单击水泥，在搅拌锅内加入水泥（图4-7）。

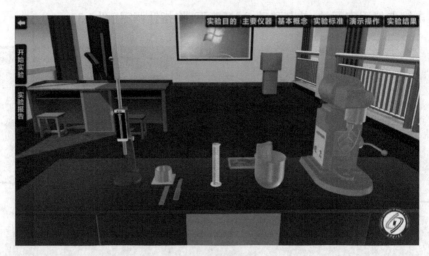

图 4-5　擦拭搅拌锅

图 4-6　将水倒入搅拌锅

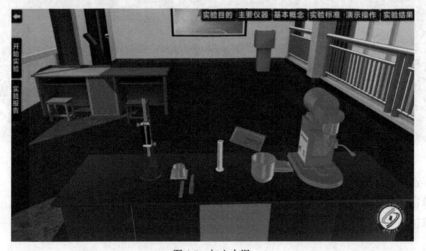

图 4-7　加入水泥

（8）单击搅拌锅,将搅拌锅放置于搅拌机机座上,将搅拌锅与底座旋紧(图 4-8)。

图 4-8　将搅拌锅放置于搅拌机机座上

（9）单击搅拌底座右侧摇杆,升起搅拌底座(图 4-9)。

图 4-9　升起搅拌底座

（10）单击搅拌机开关,启动搅拌机,慢速搅拌 120s(图 4-10)。

（11）单击搅拌机开关,停止搅拌 15s(图 4-11)。

（12）单击搅拌机开关,快速搅拌 120s(图 4-12)。

图 4-10 慢速搅拌

图 4-11 停止搅拌

图 4-12 快速搅拌

（13）单击搅拌机底座右侧摇杆,摇动摇杆降下搅拌锅(图 4-13)。

图 4-13　降下搅拌锅

（14）单击搅拌锅,取下搅拌锅(图 4-14)。

图 4-14　取下搅拌锅

（15）单击小刀,用小刀将水泥净浆装入锥模内(图 4-15)。

（16）单击小刀,用小刀插捣锥模内的水泥净浆(图 4-16)。

（17）单击金属尺,用金属尺刮去试件表面多余的水泥净浆(图 4-17)。

图 4-15　装入水泥净浆

图 4-16　插捣水泥净浆

图 4-17　刮去表面多余的水泥净浆

（18）单击试件,将试件移至维卡仪上(图4-18)。

图4-18　将试件移至维卡仪上

（19）单击试锥,将试锥放在锥模表面,并拧紧固定螺栓(图4-19)。

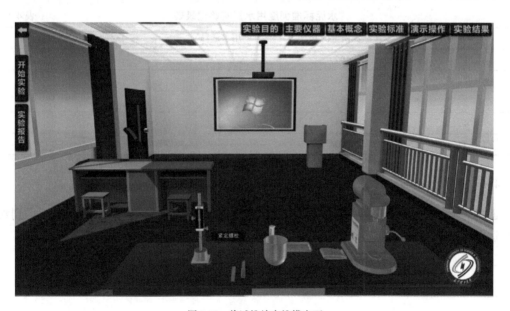

图4-19　将试锥放在锥模表面

（20）单击紧固螺栓,放松紧固螺栓,得出实验结果(图4-20)。

图 4-20　放松紧固螺栓

4.5　水泥标准稠度用水量实验记录

水泥标准稠度用水量实验记录见表 4-1。

水泥标准稠度用水量实验记录表

表 4-1

实验编号	水泥质量(g)	用水量(g)	试杆与底板的距离(mm)
1	500		
2	500		
3	500		
4	500		
5	500		

4.6　实验分析与结论

通过若干次实验,反复增加或减少用水量,调整试杆距底板的距离为 6mm,便可得到水泥净浆达到标准稠度时所需用水量。

第5章 水泥体积安定性实验

5.1 实验目的

水泥体积安定性不良是指在水泥已经硬化后,产生不均匀体积变化的现象。水泥体积安定性不良,一般是由于熟料中所含的游离氧化钙过多,或由于熟料中所含的游离氧化镁过多或掺入的石膏过多造成的。国家标准规定,可用沸煮法检验水泥的安定性,沸煮法会加速氧化钙熟化,所以只能检查游离氧化钙所引起的水泥安定性不良。而游离氧化镁在蒸压下才会加速熟化,石膏的危害则需长期处于常温水中才能发现,两者均不便于快速检验。所以,国家标准规定水泥熟料中游离氧化镁含量不得超过5.0%,水泥中的三氧化硫含量不得超过3.5%,以控制水泥的体积安定性。掌握水泥安定性的概念和测定方法,可用以评定水泥的性质。

5.2 实验设备

沸煮箱、雷氏夹、水泥净浆搅拌机、量筒、天平、标准养护箱等。

5.3 实验室实验流程

(1)以标准稠度用水量加水,按《公路工程水泥及水泥混凝土试验规程》(JTG 3420—2020)T 0505—2020制成标准稠度净浆。

(2)将预先准备好的雷氏夹放在已稍擦油的玻璃板上,并立即将已制好的标准稠度净浆装满试模。装模时一手轻轻扶持试模,另一只手用宽约25mm的直边小刀在浆体表面轻轻插捣3次,然后抹平,盖上稍涂油的玻璃板,接着立即将试模移至湿气养护箱内养生24h±2h。

(3)脱去玻璃板取下试件,先测量雷氏夹指针间的距离(A),精确至0.5mm,接着将试件放入沸煮箱中的试件架上,指针朝上,试件之间互不交叉,然后在30min±5min内加热至沸腾,并恒沸180min±5min。

5.4 实验结果

(1)测量试件指针尖端间的距离(C),精确至0.5mm,当两个试件煮后增加距离($C-A$)的平均值不大于5.0mm时,即认为该水泥安定性合格。

(2)当两个试样的($C-A$)的平均值大于5mm时,应用同一样品立即重做一次实验。

5.5 虚拟仿真实验的主要操作流程

打开长沙理工大学虚拟仿真实验系统,在左侧的实验列表中选择水泥体积安定性实验。

(1)单击雷氏夹,将雷氏夹放到玻璃板上(图5-1)。

图5-1 放置雷氏夹

(2)单击机油,将与水泥浆接触的雷氏夹表面涂上一层机油(图5-2)。

图5-2 刷机油

(3)单击水泥净浆,在雷氏夹内部装入水泥净浆(图5-3)。

图 5-3　装入水泥净浆

（4）单击小刀，用小刀插捣，使水泥净浆试件内部的空气溢出（图 5-4）。

图 5-4　用小刀插捣

（5）单击小刀，用小刀刮平水泥净浆试件表面（图 5-5）。

（6）单击玻璃板，将玻璃板盖在试件表面（图 5-6）。

（7）单击雷氏夹试件，将雷氏夹试件放入养护箱中养护（图 5-7）。

图 5-5　用小刀刮平试件

图 5-6　盖上玻璃板

图 5-7　放入养护箱养护

（8）等待养护结束后,单击养护箱,将雷氏夹从养护箱中取出(图 5-8)。

图 5-8　从养护箱中取出试件

（9）单击玻璃板,将试件表面的玻璃板取下(图 5-9)。

图 5-9　取下玻璃板

（10）单击雷氏夹试件,将第一个雷氏夹放到测定仪上测试,并读取读数(图 5-10)。

（11）单击雷氏夹试件,取下雷氏夹(图 5-11)。

（12）单击第二个雷氏夹试件,将第二个雷氏夹放到测定仪上测试,并读取读数(图 5-12)。

图 5-10　测试第一个雷氏夹

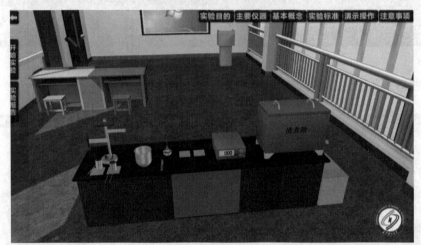

图 5-11　取下雷氏夹

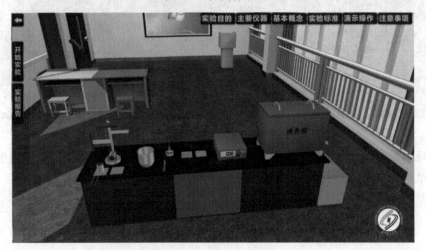

图 5-12　测试第二个雷氏夹

（13）单击第二个雷氏夹试件，取下雷氏夹（图 5-13）。

图 5-13　取下雷氏夹

（14）单击第二个雷氏夹试件，将雷氏夹放入沸煮箱中（图 5-14）。

图 5-14　将雷氏夹放入沸煮箱中

（15）单击沸煮箱上的开关，启动沸煮箱（图 5-15）。

（16）单击沸煮箱右侧的水龙头打开，放掉沸水（图 5-16）。

（17）单击沸煮箱打开沸煮箱的盖（图 5-17）。

图 5-15　启动沸煮箱

图 5-16　放掉沸水

图 5-17　打开煮沸箱

　(18) 单击第一个雷氏夹试件,取出第一个雷氏夹试件放到测定仪上,读取读数(图 5-18)。

图 5-18　测试第一个雷氏夹

　(19) 单击第一个雷氏夹试件,取下第一个雷氏夹(图 5-19)。

图 5-19　取下第一个雷氏夹

　(20) 单击第二个雷氏夹试件,将第二个雷氏夹放到测定仪上并读取读数(图 5-20)。
　(21) 单击第二个雷氏夹试件,取下雷氏夹,实验结束(图 5-21)。

图 5-20   测试第二个雷氏夹

图 5-21   取下雷氏夹

5.6   水泥安定性实验记录

水泥安定性实验记录见表 5-1。

水泥安定性实验记录表

表 5-1

实验日期:_____   气温/室温:_____   湿度:_____

试样编号	标准稠度用水量 P(%)	安定性实验(雷氏法)
1		
2		

5.7　实验分析与结论

水泥体积安定性是反映水泥浆在凝结硬化后体积膨胀是否均匀的情况,是评判水泥品质的指标之一,也是保证水泥制品、混凝土工程质量的必要条件。国家标准将安定性不合格的水泥定义为废品。

有时在检测水泥安定性时会出现这样的情况,同一批次的水泥在第一次送检时被判定为安定性不合格,但是过几天第二次送检后却被判定为合格,基于此种现象,若水泥出厂日期超过三个月,应在使用前作复验。

实验操作应准确。在实验过程中为了确保实验结果的准确性,应严格按照国家标准进行操作,尽量减少人为因素造成的误差。当雷氏法和试饼法的实验结果出现矛盾时,以雷氏法实验结果为准。

水泥体积安定性的检测受诸多因素的影响,包括仪器的定期检查、恒温恒湿的养护箱及养护时间的确定等。因此,测定时应注意,实验室所有与检验有关的仪器、样品、拌和水等都必须符合相关标准要求。

第6章 水泥凝结时间实验

6.1 实验目的

(1)了解控制水泥凝结过程的重要性。
(2)掌握水泥标准稠度净浆凝结时间测试的国家标准规范。
(3)测试水泥标准稠度净浆的凝结时间。

6.2 实验设备

天平、水泥净浆搅拌机、标准维卡仪、湿气养护箱。

6.3 实验室实验流程

(1)测定前准备工作:调整凝结时间测定仪的试针接触玻璃板时,指针对准零点。

(2)试件的制备:将以标准稠度用水量制成的标准稠度净浆,一次装满试模,振动数次刮平,立即放入湿气养护箱中。将水泥全部加入水中的时间记录为凝结时间的起始时间,用"min"计。

(3)初凝时间的测定:试件在湿气养护箱中养护至加水后30min时进行第一次测定。测定时,从湿气养护箱中取出试模放到试针下,降低试针与水泥净浆表面接触。拧紧螺丝1~2s后,突然放松,使试针垂直自由地沉入水泥净浆中。观察试针停止下沉或释放试针30s时指针的读数。当试针沉至距底板4mm±1mm时,水泥达到初凝状态;从水泥全部加入水中至初凝状态的时间为水泥的初凝时间。

(4)终凝时间的测定:为了准确观察试针沉入的状况,在终凝针上安装了一个环形附件。在完成初凝时间测定后,立即将试模连同浆体以平移的方式从玻璃板取下,翻转180°,直径大端向上,小端向下放在玻璃板上,再放入湿气养护箱中继续养护,临近终凝时间时每隔15min测定一次,当试针沉入试体0.5mm时,即环形附件开始不能在试件上留下痕迹时,为水泥达到终凝状态,从水泥全部加入水中至达到终凝状态的时间为水泥的终凝时间。

(5)测定时应注意,在最初测定操作时应轻轻扶住金属柱,使其徐徐下降,以防止试针撞弯,但结果以自由下落为准;在整个测试过程中,试针沉入的位置至少要距试模内壁10mm。临近初凝时,每隔5min测定一次,临近终凝时每隔15min测定一次,到达初凝或终凝时应立即重复测一次,当两次结论相同时才能定为达到初凝或终凝状态。每次测定不能让试针落入原针孔,每次测试完毕须将试针擦净并将试模放回湿气养护箱内,整个测试过程中要防止试模受振。

6.4　虚拟仿真实验的主要操作流程

打开长沙理工大学虚拟仿真实验系统,在左侧的实验列表中选择水泥凝结时间。

(1)单击圆模和底板,将测定水泥凝结时间的圆模和底板放在标准维卡仪上(图6-1)。

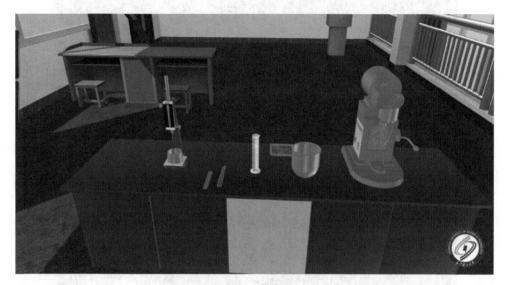

图6-1　放置试模

(2)单击指针,将指针拧松移下,将上部小指针指向的数字调零(图6-2)。

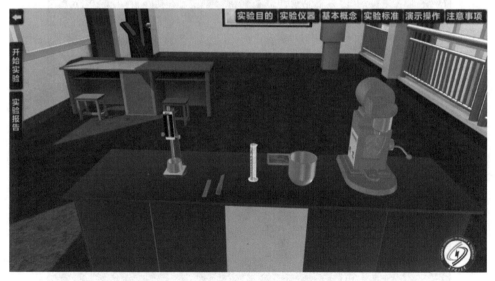

图6-2　指针调零

(3)单击指针,将指针抬起,将试模和底板移至桌面上(图6-3)。

(4)单击量筒,将量筒中的水倒入搅拌锅(图6-4)。

(5)单击水泥,将水泥倒入搅拌锅,操作时防止水泥和水溅出(图6-5)。

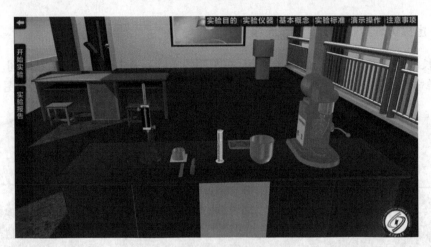

图 6-3　将试模和底板移至桌面上

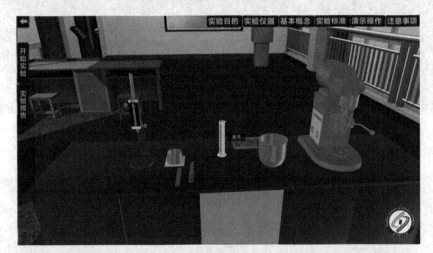

图 6-4　加入水

图 6-5　加入水泥

（6）单击搅拌机上的启动按钮，启动水泥净浆搅拌机开始搅拌（图 6-6）。

图 6-6　启动搅拌机

（7）等待搅拌完毕后，单击小刀用小刀铲出水泥净浆装入试模（图 6-7）。

图 6-7　将试料装模

（8）单击小刀，用小刀将试件表面的水泥净浆刮平（图 6-8）。

（9）单击试件，将制作好的试件放入湿气养护箱（图 6-9）。

（10）单击湿气养护箱打开箱门，从箱中取出试件（图 6-10）。

图 6-8　刮平试件表面

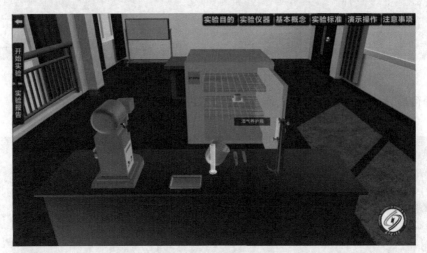

图 6-9　将试件放入养护箱

图 6-10　取出试件

（11）单击标准维卡仪指针,使维卡仪指针下部接触试件表面(图 6-11)。

图 6-11　调节指针位置

（12）单击维卡仪松紧螺丝,松开松紧螺钉使指针自由落下,观察试针停止下沉或释放试针 30s 时指针的读数,临近初凝时,每隔 5min 测定 1 次(图 6-12),试针距底板 4mm ±1mm 时,到达初凝时间。

图 6-12　测试读数

（13）单击标准维卡仪指针,提起指针拿出试件,在完成初凝时间测定后,立即将试模连同浆体以平移的方式从玻璃板上取下(图 6-13),翻转 180°后,直径大端向上,小端向下,放在玻璃板上,再放入湿气养护箱中继续养护。

（14）单击湿气养护箱箱门打开,将试件放入湿气养护箱中继续养护 150min(图 6-14)。

（15）养护完成后,单击湿气养护箱箱门取出试件(图 6-15)。

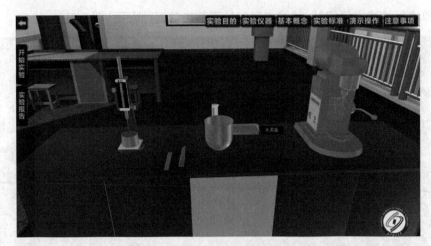

图 6-13　取出试件

图 6-14　继续养护试件

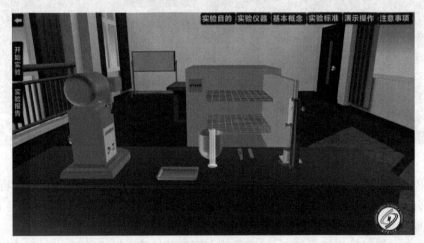

图 6-15　取出试件

（16）单击试件，将试件放置于标准维卡仪上进行终凝测试，待指针落下后读数（图 6-16）。

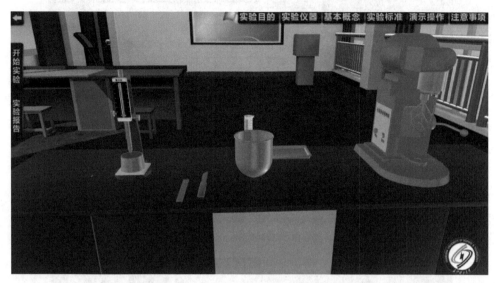

图 6-16　终凝测试

（17）单击标准维卡仪，提起标准维卡仪指针取出试件（图 6-17）。

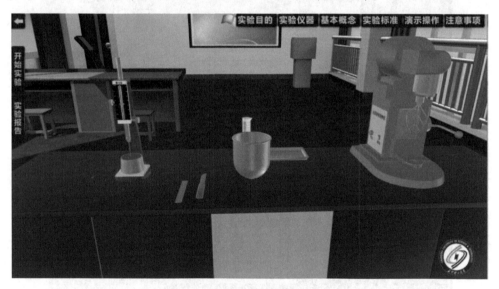

图 6-17　取出试件

（18）单击标准维卡仪，临近终凝时，每养护 15min 测定 1 次（图 6-18）。

（19）单击湿气养护箱箱门，从湿气养护箱内取出试件（图 6-19）。

（20）单击标准维卡仪松紧螺丝，松开松紧螺钉使指针自由落下，观察试针停止下沉或释放试针 30s 时指针的读数，临近终凝时，在指针上装上圆柱形附件，每隔 15min 测定 1 次（图 6-20），当试针沉入试体 0.5mm 时，即环形附件开始不能在试件上留下痕迹时，水泥达到终凝状态。

图 6-18　每养护 15min 测定 1 次

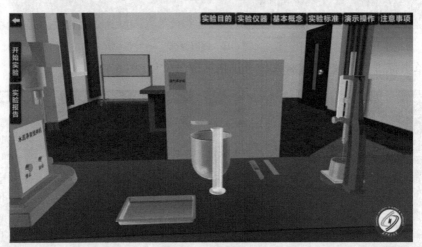

图 6-19　取出试件

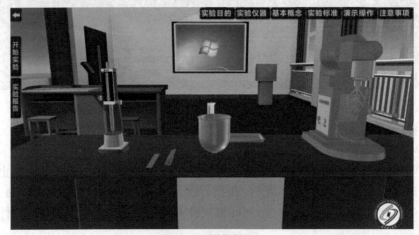

图 6-20　测试终凝状态

（21）单击标准维卡仪,将指针擦拭干净后,收回备用(图 6-21)。

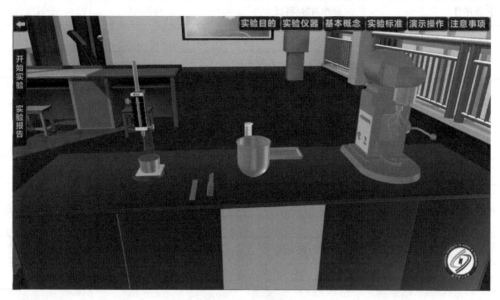

图 6-21　指针回收

（22）单击试模与底板,将试模与底板及时洗净,放回桌面,实验结束(图 6-22)。

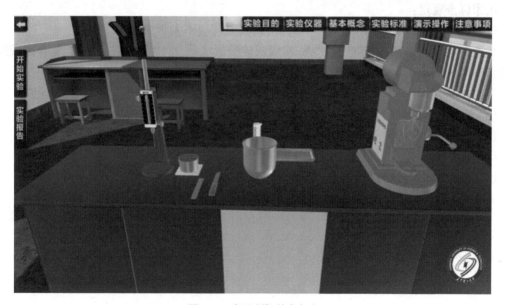

图 6-22　清理试模,结束实验

6.5　水泥凝结时间实验记录

水泥凝结时间实验记录见表 6-1。

水泥凝结时间实验记录表　　　　　　　　　　　　　　表 6-1

操作序号	操作内容、科目	操作时间	分段时长
1	水泥全部加入水中(水泥和水)		
2	水泥净浆的拌制(启动控制器)		
3	取样、试件的制备		
4	试件养护 30min		
5	首次初凝测试		
⋮			
n_1	临近初凝测试		
⋮			
n_2	终凝时间测试		
⋮			

6.6　实验结果分析与结论

国家标准规定:

硅酸盐水泥的初凝时间应不小于 45min,终凝时间应不大于 390min。

普通硅酸盐水泥、矿渣硅酸盐水泥、粉煤灰硅酸盐水泥、水山灰硅酸盐水泥、复合硅酸盐水泥的初凝时间应不小于 45min,终凝时间应不大于 600min。

实验结果分析:

(1)从假凝和瞬凝的角度分析。

(2)从化学分析的角度说明水泥凝结时间反常的原因。

(3)从实验条件、实验环境的角度分析系统偏差。

(4)从人为因素分析操作偏差。

第7章 水泥胶砂强度实验

7.1 实验目的

水泥强度是指水泥试件在单位面积上所能承受的外力,它是水泥的主要性能指标。水泥是水泥混凝土的重要胶结材料,水泥强度是水泥胶结能力的体现,是混凝土强度的主要来源。分析影响水泥胶砂强度测试结果的各种因素,通过对抗折与抗压强度的测试检验水泥各龄期强度,可以确定其强度等级,根据水泥强度等级又可以设计水泥混凝土的标号。

7.2 实验设备

水泥胶砂搅拌机及试模;JS-15 型水泥胶砂振动台;电动抗折试验机和抗折夹具;抗压试验机和抗压夹具;金属刮平尺。

7.3 实验室实验流程

7.3.1 试件成型

(1)将水泥胶砂强度试模擦净,四周模板与底板接触面上应涂黄油,紧密装配,防止漏浆,内壁均匀地刷一薄层机油。

(2)水泥与 ISO 标准砂的质量比为 1∶3,水灰比为 0.5。每成型三条试件需称量的材料及用量为:水泥(450 ±2)g,标准砂(1350 ±5)g,水(225 ±1)mL。

(3)先使搅拌机处于待工作状态,然后将量好的水(精确至 ±1mL)加入锅中,再加入称好的水泥(精确至 ±2g),把锅放在固定架上,上升至固定位置。然后立即启动搅拌机,低速搅拌30s 后,在第二个 30s 开始的同时均匀地将砂子加入(当各级砂石为分装时,从最粗粒级开始加入,依次将所需的每级砂量加完)。机器再高速搅拌 30s,停拌 90s,在第 1 个 15s 内用胶皮刮具将叶片和锅壁上的胶砂刮入锅中。在高速下继续搅拌 60s。各个搅拌阶段,时间误差应在 ±1s 以内。

(4)胶砂制备后应立即成型。预先将空试模和模套固定在振动台上,用适当的勺子直接从搅拌锅里将胶砂分两层装入试模。装第一层时,每个槽里约放 300g 胶砂,将大播料器垂直架在模套顶部,沿每个模槽来回一次将料层播平,振实 60 次。再装入第二层胶砂,用小播料器播平,振实 60 次。移走模套,从振动台上取下试模,用金属直尺以近似 90°的角度架在试模模顶的一端,然后沿试模长度方向以横向锯割动作慢慢向另一端移动,一次将超出试模部分的胶砂刮去,并用同一直尺将试件表面抹平。最后在试模上进行标记。

7.3.2 试件养护

(1)脱模前的养护

将试模放入养护箱养护[温度(20±3)℃,相对湿度大于90%]。养护到规定的脱模时间后取出并脱模。脱模前,用防水墨汁对试件进行编号,对两个龄期以上的试件,在编号时应将同一试模中的3条试件分在两个以上龄期内。

(2)脱模

对于24h龄期的,应在破坏试验前20min内脱模;对于24h以上龄期的,应在成型后20~24h内脱模。脱模应小心,以免损伤试件。如经24h养护,会因脱模对强度造成损坏时,可以延迟至24h后脱模,但在实验报告中应予以说明。对于确定作为24h龄期实验的已脱模试件,应用湿布覆盖至实验时为止。

(3)水中养护

脱模后的试件应立即保持水平或竖直放在(20±1)℃水槽中养护,水平放置时刮平面应朝上。养护期间试件之间间隔和试件上表面的水深不得小于5mm,并随时加水以保持适当的恒定水位,且在养护期间不允许全部换水。

7.3.3 强度实验

(1)各龄期的试件必须在表7-1规定的时间内进行强度实验。

各龄期强度测定时间的规定   表7-1

龄期	时间	龄期	时间
24h	24h±15min	7d	7d±2h
48h	48h±30min	≥28d	28d±8h
72h	72h±45min	—	—

(2)试件从水中取出后,在进行强度实验前应用湿布覆盖。

(3)抗折强度实验:擦去试件表面附着的水分和砂粒,清除夹具上圆柱表面的杂物,将试件一个侧面放在抗折仪的支撑圆柱上,通过加荷圆柱以(50±10)N/s的速率均匀地将荷载垂直地加在棱柱体相对侧面上,直至折断(保持两个半截棱柱体处于潮湿状态直至抗压实验)。记录抗折强度值R_f(记录至0.1MPa)。

(4)抗压强度实验:抗折实验后的两个断块应立即进行抗压实验。抗压实验需用抗压夹具进行。半截棱柱体中心与压力机压板受压中心差应在±0.5mm内,整个加荷过程中应以(2400±200)N/s的速率均匀地加荷直至断块被破坏,记录抗压强度值R_c(记录至0.1MPa)。

7.4 虚拟仿真实验主要操作流程

打开长沙理工大学虚拟仿真实验系统,在左侧的实验列表中选择水泥胶砂强度实验。

7.4.1 试件成型

(1)单击未拼装试模,在水泥胶砂强度未拼装试模底板表面刷黄油或机油(图7-1)。

(2)单击试模底板,将试模板拼装到试模底板上(图7-2)。

图 7-1　在试模底板刷油

图 7-2　拼装试模

（3）单击机油，在试模内壁刷机油（图 7-3）。

图 7-3　在试模内壁刷机油

（4）单击湿润的抹布,用湿润的抹布擦拭拌和锅和搅拌叶片(图7-4)。

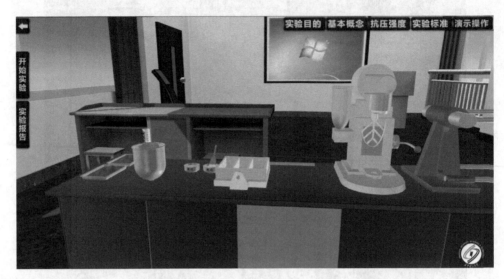

图7-4 擦拭拌和锅

（5）单击量筒,将水加入拌和锅(图7-5)。

图7-5 用量筒加水

（6）单击水泥,将水泥加入拌和锅(图7-6)。

（7）单击拌和锅,将拌和锅放至搅拌机上与底座旋紧(图7-7)。

（8）单击搅拌机上的启动按钮,启动搅拌机(图7-8)。

图 7-6　加入水泥

图 7-7　安置拌和锅

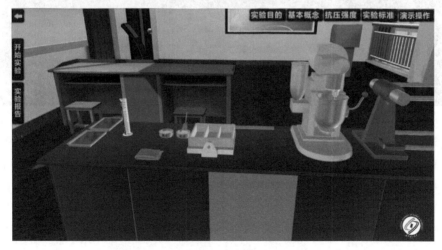

图 7-8　启动搅拌机

(9)单击漏斗,通过搅拌机上方的漏斗将标准砂加入拌和锅继续搅拌(图7-9)。

图7-9　加入标准砂搅拌

(10)单击试模,将试模放至振动台上(图7-10)。

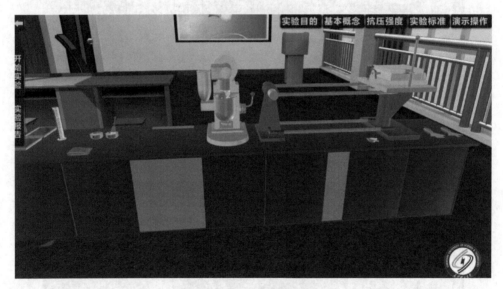

图7-10　将试模放至振动台上

(11)单击搅拌机左边的摇杆,降下拌和锅(图7-11)。

(12)单击小铲,用小铲将搅拌好的试料铲入试模,先装入约一半的试料(图7-12)。

(13)单击拨料器,用拨料器将试模中的砂浆铲实抹平(图7-13)。

图 7-11 降下拌和锅

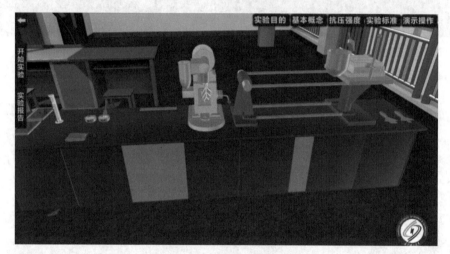

图 7-12 将试料装入试模

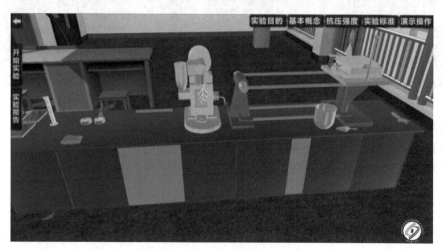

图 7-13 整平试件

（14）单击振动台的启动按钮,振实 60 次(图 7-14)。

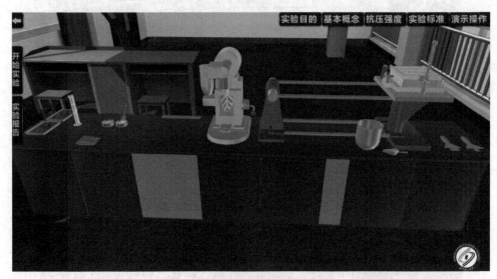

图 7-14 振实 60 次

（15）单击小铲,将剩余的试料铲入试模(图 7-15)。

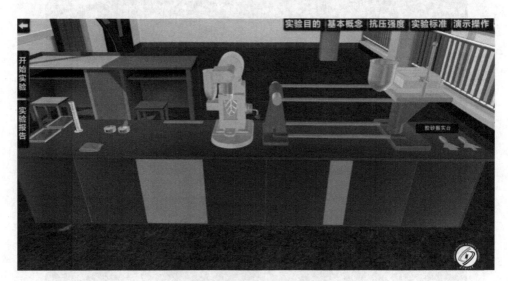

图 7-15 将剩余的试料铲入试模

（16）单击拨料器,用拨料器铲实整平试件(图 7-16)。

（17）再次单击振动台的启动按钮,振实 60 次(图 7-17)。

（18）单击螺丝,拧松上部的螺丝,移除试模的上盖框(图 7-18)。

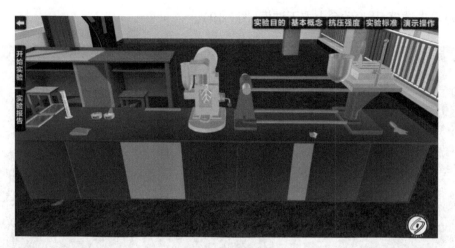

图 7-16 整平试件

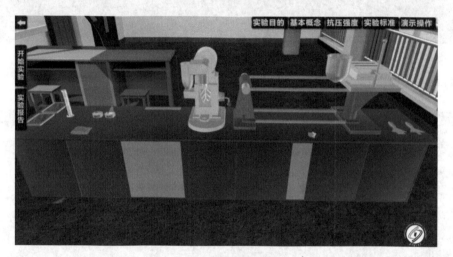

图 7-17 再次振实 60 次

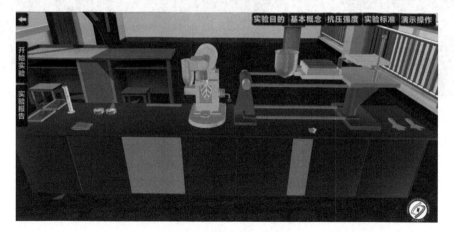

图 7-18 移除试模的上盖框

（19）单击试模，从振动台上取下试模（图7-19）。

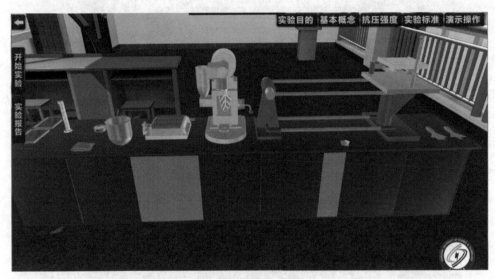

图7-19　取下试模

（20）单击刮刀，用刮刀刮平试件表面（图7-20）。

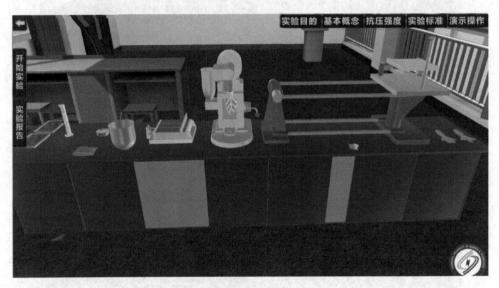

图7-20　整平试件

（21）单击试件，将试件放入养护箱进行养护（图7-21）。

（22）等待养护结束后，单击养护箱，取出试件（图7-22）。

（23）单击试模，拆除试件表面的试模（图7-23）。

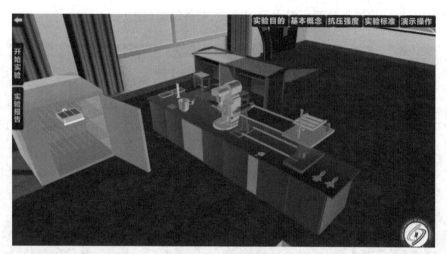

图 7-21　养护试件

图 7-22　取出试件

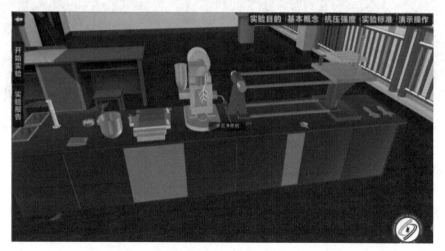

图 7-23　拆模

（24）单击试件,将试件放至恒温水箱中养护,制件结束(图7-24)。

图7-24　制件结束

7.4.2　抗折、抗压实验步骤

（1）单击试件,将养护完毕的试件放到抗折试验机上(图7-25)。

图7-25　在抗折试验机上安放试件

（2）单击启动按钮,启动抗折试验机(图7-26)。

（3）单击试验机上的按钮,试验机自动将试件折断,实验结束后取下试件(图7-27)。

（4）单击断裂试件,将断裂的试件放至抗压试验机上进行抗压强度实验(图7-28)。

图 7-26   启动抗折试验机

图 7-27   测试后取下试件

图 7-28   在抗压试验机上安置试件

（5）单击抗压试件，开启抗压试验机，单击送油阀增加压力将试件压碎，实验结束（图7-29）。

图7-29　测试试件的抗压强度

7.5　水泥胶砂强度实验记录

水泥胶砂强度实验记录见表7-2。

水泥胶砂强度实验记录表　　　　　　　　　　　表7-2

实验编号	$F_f(N)$	$R_f(MPa)$	$\overline{R_f}(MPa)$	$F_c(N)$	$R_c(MPa)$	$\overline{R_c}(MPa)$
1						
2						
3						

（1）抗折强度

抗折强度 R_f 以 MPa 表示，计算见式（7-1）：

$$R_f = \frac{1.5 F_f L}{b^3}$$

(7-1)

式中：R_f——抗折强度，MPa；

　　　F_f——折断时施加于棱柱体中部的荷载，N；

　　　L——支撑圆柱之间的距离，mm；

　　　b——棱柱体正方形截面边长，mm。

以一组3个棱柱体抗折结果的平均值作为实验结果，计算精确至0.1MPa。当3个强度值中有超出平均值±10%时，应剔除后再取平均值，作为抗折强度实验结果。

（2）抗压强度

抗压强度 R_c 以 MPa 表示,计算见式(7-2)：

$$R_c = \frac{F_c}{A}\qquad\qquad(7\text{-}2)$$

式中：R_c——抗压强度,MPa；

　　F_c——破坏时的最大荷载,N；

　　A——受压部分面积,m^2。

7.6　实验分析与结论

以一组 3 个棱柱体上得到的 6 个抗压强度测定值的算术平均值为实验结果,计算精确至 0.1MPa。如 6 个测定值中有一个超出平均值 ±10%,就应剔除这个实验结果,而以剩下 5 个的平均值为结果。如果 5 个测定值中再有超出它们平均值 ±10% 的,则此组结果作废。

实验报告中应包括所有各单个强度结果(包括被舍去的实验结果)和计算出的平均值。

第8章 水泥细度实验

8.1 实验目的

通过80μm或45μm筛析法测定筛余量,测定水泥细度是否达到标准要求,不符合标准要求的水泥视为不合格。细度实验方法有负压筛法、水筛法和干筛法三种。当三种测试结果发生争议时,以负压筛法结果为准。

8.2 实验设备

(1)试验筛:由圆形筛框和筛底组成。

(2)负压筛析仪:负压筛析仪由筛底、负压筛负压源及收尘器组成,其中筛底由转速30r/min ± 2r/min 的喷气嘴、负压表、控制板、微电机及壳体等部分组成。筛析仪负压可调范围为 4000 ~ 6000Pa。

(3)天平:量程为100g,感量不大于0.01g。

8.3 实验流程

(1)实验时所用试验筛应保持清洁,负压筛应保持干燥。

(2)筛析实验前,应把负压筛放在筛座上,盖上筛盖,接通电源,检查控制系统,调整负压至4000 ~ 6000Pa 范围内。

(3)称取试样25g(80μm 筛)或试样 10g(45μm 筛),置于洁净的负压筛中,盖上筛盖,放在筛座上,开动筛析仪连续筛析2min。在此期间如有试样附着在筛盖上,可轻轻敲击,使试样落下。筛毕,用天平称量全部筛余物。

(4)当工作负压小于4000Pa 时,应清理吸尘器内水泥,使负压恢复正常。

8.4 虚拟仿真主要操作流程

打开长沙理工大学虚拟仿真实验系统,在左侧的实验列表中选择水泥细度实验。

(1)单击负压筛,将负压筛放置在负压筛析仪的筛座上(图 8-1)。

(2)单击电源开关,启动负压筛析仪(图 8-2)。

(3)单击负压筛析仪的按钮,将到负压筛析仪的压强调至 4000 ~ 6000Pa 范围内(图 8-3)。

图 8-1　放置负压筛

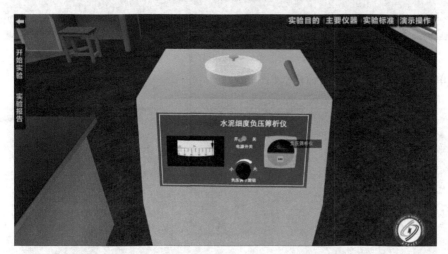

图 8-2　启动负压筛析仪

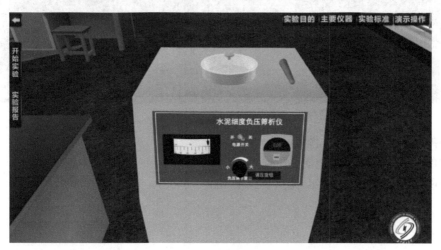

图 8-3　调节压强

（4）单击水泥,称重25g(图8-4)。

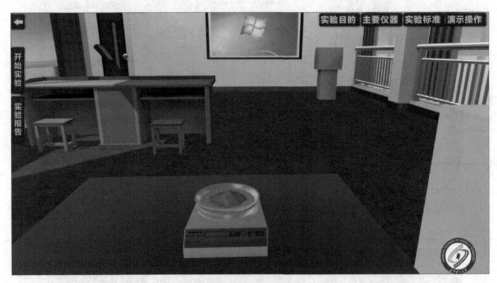

图8-4　水泥称重

（5）单击水泥,将水泥加入筛析仪(图8-5)。

图8-5　加入水泥

（6）单击筛盖,使其盖上(图8-6)。
（7）单击电源开关,启动电源(图8-7)。
（8）单击负压筛析仪的按钮,调整负压至4000~6000Pa范围内(图8-8)。

图 8-6　盖上筛盖

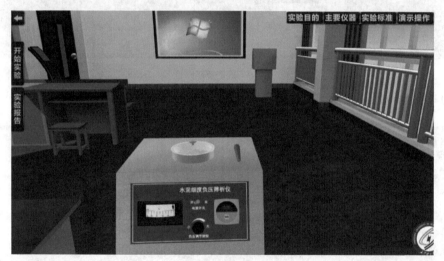

图 8-7　启动电源

图 8-8　调整负压

（9）单击筛盖，敲击负压筛盖（图8-9）。

图8-9　敲击负压筛盖

（10）单击电源开关，关闭电源，取下负压筛（图8-10）。

图8-10　取下负压筛

（11）单击水泥，将剩余水泥粉倒入天平称重，记录数据（图8-11）。实验结束。

图 8-11 称重记录数据

8.5 水泥细度实验记录

水泥细度实验记录见表 8-1。

水泥细度实验记录表　　　　　　　　　　　　表 8-1

试件编号	水泥品种	试样质量（g）	筛余物质量（g）	水泥筛余百分率(%)	修正系数	修正后水泥筛余百分数(%)	平均值(%)

第9章 水泥混凝土抗压强度实验

9.1 实验目的

(1)按规定方法制作水泥混凝土立方体试件,养护到一定龄期后,在压力机上进行抗压强度实验,测试试件所能承受的最大荷载,即可计算出试件的抗压强度。

(2)掌握水泥混凝土立方体试件的制作和强度测试方法。

(3)掌握水泥混凝土强度的计算方法。

9.2 实验设备

(1)压力实验机:实验机的精度(示值的相对误差)至少应为 ±2%,其量程应能使试件的预期破坏荷载不小于全量程的 20%,也不大于全量程的 80%。

(2)振动台:振动频率为(50 ±3)Hz,空载振幅约为(0.5 ±0.1)mm。

(3)试模:试模由铸铁或钢制成,应具有足够的刚度并方便拆装。试模内表面应进行机械加工,其不平度应为 100mm 且不超过 0.05mm,组装后各相邻面不垂直度应不超过 ±0.5°。

(4)捣棒、小铁铲、金属直尺、抹刀等。

9.3 实验流程

9.3.1 试件的制作

立方体抗压强度实验以同时制作、同时养护、同一龄期的 3 个试件为一组进行,每组试件所用的混凝土拌合物应从同一次拌和成的拌合物中取出,取样后应立即制作试件。

试件尺寸按集料最大粒径由表 9-1 选用。制作前应将试模涂上一层脱模剂。

不同集料最大粒径选用的试件尺寸,插捣次数及抗压强度换算系数 表 9-1

试件尺寸(mm × mm × mm)	集料最大粒径(mm)	每层的插捣次数(次)	抗压强度换算系数
100 × 100 × 100	26.5	12	0.95
150 × 150 × 150	31.5	25	1.00
200 × 200 × 200	53	50	1.05

坍落度小于 25mm 时,可采用 $\phi25mm$ 的插入式捣棒成型。

坍落度大于 25mm 且小于 90mm 时用振动台振实。将拌合物一次性装满试模并稍有富余。振动时应防止试模在振动台上自由跳动。振动至拌合物表面出现乳状水泥浆为止,记录振动时间。振动结束时刮去多余的混凝土,并用抹刀抹平。

坍落度大于 90mm 的混凝土,用人工成型。将拌合物分两次装入试模,每次厚度大致相等。插捣时应按螺旋方向从边缘向中心均匀进行。插捣底层时,捣棒应达到试模底面,插捣上层时,捣棒应穿入下层深度 20~30mm。插捣时捣棒应保持垂直,不得倾斜。同时用抹刀沿试模内壁略加插捣并使混凝土拌合物高出试模上口。每层的插捣次数应根据试件的截面而定,一般每 $100cm^2$ 截面积不应少于 12 次,见表 9-1。插捣完毕后,刮去多余的混凝土,并用抹刀抹平。

9.3.2　试件养护

试件成型后,用湿布覆盖表面,以防止水分蒸发,并应在温度为 $(20\pm5)℃$、相对湿度大于50% 的情况下静止 24~48h,然后拆模并做第一次外观检查、编号。

拆模后的试件放入温度为 $(20\pm2)℃$、相对湿度在 95% 以上的标准养护室中养护。在标准养护室内,试件宜放在铁架或木架上,彼此间隔 10~20mm,并应避免用水直接冲淋试件。

无标准养护室时,混凝土试件可在温度为 $(20\pm2)℃$ 的饱和氢氧化钙溶液中养护。

9.3.3　抗压强度实验

试件自养护室取出后,应尽快进行实验,以免试件内部的湿度发生较大变化。先将试件擦干净,测量尺寸(精确至 1mm),据此计算试件的承压面积,并检查其外观。

试件承压面的不平度不应超过 $(100\pm0.05)mm$,承压面与相邻面的不垂直度不应超过 $\pm1°$。将试件安放在下承压板上,试件的承压面与成型时的顶面垂直,试件的中心应与实验机的下压板中心对准。开动实验机,当上压板与试件接近时,调整球座,使接触均衡。

混凝土抗压强度实验应连续均匀加荷,加荷速度应为:混凝土强度等级低于 C30 时,取0.3~0.5MPa/s;混凝土强度等级大于或等于 C30 且小于 C60 时,取 0.5~0.8MPa/s;混凝土强度等级大于或等于 C60 时,取 0.8~1.0MPa/s。当试件接近破坏状态而开始迅速变形时,停止调整试验机油门,直至试件被破坏。记录破坏极限荷载。

9.4　虚拟仿真实验主要操作流程

打开长沙理工大学虚拟仿真实验系统,在左侧的实验列表中选择水泥混凝土抗压强度实验。

(1)单击各种原材料,将砂、石、水泥按照水泥混凝土配合比的量分别加入搅拌容器(图 9-1)。

(2)单击加入指定量的水,搅拌均匀后制成水泥混凝土拌合物(图 9-2)。

(3)单击水泥混凝土,将拌和好的水泥混凝土倒入模具(图 9-3)。

图 9-1 按配合比加入原材料

图 9-2 搅拌水泥混凝土拌合物

图 9-3 装模

（4）单击模具，将模具放置于振动台上（图9-4）。

图9-4　将模具放置于振动台上

（5）单击电源按钮，启动振动台将试件振实（图9-5）。

图9-5　振实试件

（6）单击湿布，用湿布覆盖试件表面进行养护（图9-6）。

（7）单击试件，将试件进行脱模处理（图9-7）。

（8）单击养护室门，将试件放入养护箱中养护28天（图9-8）。

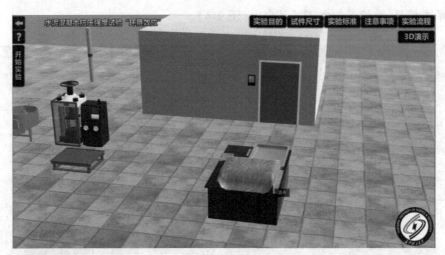

图9-6 养护试件

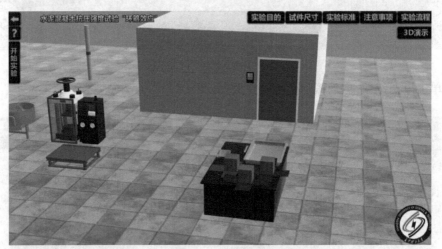

图9-7 试件脱模

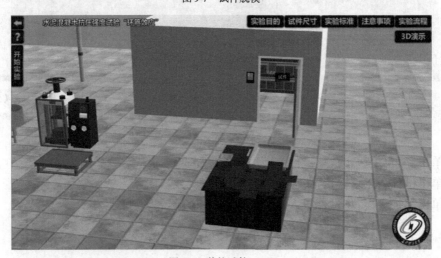

图9-8 养护试件28天

（9）等待养护结束，单击养护室，取出试件（图9-9）。

图9-9　取出试件

（10）单击游标卡尺，用游标卡尺测量试件尺寸（图9-10）。

图9-10　测量试件尺寸

（11）单击抹布，擦干试件表面的水分以便备用（图9-11）。

（12）单击试件，将试件搬至压力机前（图9-12）。

（13）单击圆盘螺栓将其旋起，将试件放入压力机的上下压板之间（图9-13）。

图 9-11　擦干试件

图 9-12　移动试件至压力机前

图 9-13　安放试件

（14）单击压力机的电源，启动压力机（图9-14）。

图9-14　启动压力机的电源

（15）单击回油阀门，关闭回油阀门（图9-15）。

图9-15　关闭回油阀门

（16）单击回送阀门，缓慢打开送油阀，试件进入抗压实验状态（图9-16）。

（17）待试件破坏，实验结束后，单击回送阀门，关闭送油阀门，记录实验数据，关闭压力机（图9-17）。

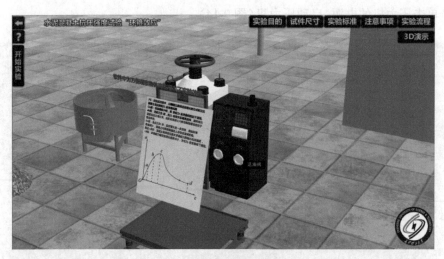

图 9-16　打开送油阀

图 9-17　关闭送油阀,记录实验数据

9.5　水泥混凝土抗压强度实验记录

水泥混凝土抗压强度实验记录见表9-2。

水泥混凝土抗压强度实验记录表　　　　　　　　　　表 9-2

试件编号	成型日期	强度等级（MPa）	实验日期	龄期（d）	试件尺寸（mm）	极限荷载（kN）	抗压强度测值（MPa）	抗压强度测定值（MPa）	换算成标准试件抗压强度值（MPa）

续上表

试件编号	成型日期	强度等级（MPa）	实验日期	龄期（d）	试件尺寸（mm）	极限荷载（kN）	抗压强度测值（MPa）	抗压强度测定值（MPa）	换算成标准试件抗压强度值（MPa）

9.6　实验分析与结论

混凝土抗压强度是以 150mm×150mm×150mm 的试件为标准，其他尺寸的实验结果均应换算成标准强度，换算时乘以换算系数，见表9-1。

混凝土立方体试件抗压强度 F_{cc} 应按式(9-1)计算（精确至 0.1MPa）。

$$F_{cc} = P/A \tag{9-1}$$

式中：P——破坏荷载，N；

　　A——受压面积，m^2。

以 3 个试件的算术平均值作为该组试件的抗压强度，当 3 个测定值的最大值和最小值中有一个与中间值的差超过中间值的 15% 时，则把最大值及最小值一并舍去，取中间值作为该组试件的抗压强度。当两个测定值与中间值的差值超过中间值的 15% 时，则该组试件的实验结果无效。

参考文献

[1] 中华人民共和国行业标准.公路工程质量检验评定标准:JTG F80/1—2017[S].北京:人民交通出版社股份有限公司,2017.

[2] 中华人民共和国行业标准.公路沥青路面设计规范:JTG D50—2017[S].北京:人民交通出版社股份有限公司,2017.

[3] 中华人民共和国行业标准.公路沥青路面施工技术规范:JTG F40—2004[S].北京:人民交通出版社,2004.

[4] 中华人民共和国行业标准.公路工程沥青及沥青混合料试验规程:JTG E20—2011[S].北京:人民交通出版社,2011.

[5] 中华人民共和国行业标准.公路工程水泥及水泥混凝土试验规程:JTG 3420—2020[S].北京:人民交通出版社股份有限公司,2020.

[6] 李九苏,唐旭光.土木工程材料[M].湖南:中南大学出版社,2009.

[7] 付少雄.工业机器人工程应用虚拟仿真教程[M].北京:机械工业出版社,2018.

[8] 张尚弘,易雨君,王兴奎.流域虚拟仿真模拟[M].北京:科学出版社,2011.